런런 옥스퍼드 수학

5권

곱셈과 나눗셈, 분수

차례

곱하기 2, 나누기 2 ······· 2
곱하기 5, 나누기 5 ······· 4
곱하기 10, 나누기 10 ····· 6
곱셈과 나눗셈의 관계 알기 ······ 8
짝수와 홀수 ······ 9
배열하기 ······ 10
반복해서 더하기 ······ 12
순서 바꾸어 계산하기 ·· 14
똑같이 나누기 ······ 15
문장형 문제 ······ 16
혼합 문제 ······ 17
도형으로 분수 알기 ····· 18
도형의 부분 보고 분수 알기 ······ 19
크기가 같은 분수 ······ 20
도형으로 분수 나타내기 ······ 21
분수만큼 나누기 ······ 22
전체의 몇분의 몇 알기 ······ 23
배열에서 분수 찾기 ····· 25
배열에서 분수 알기 ····· 26
배열에서 분수 나타내기 ······ 28
묶음과 전체를 비교하여 분수 알기 ······ 30
분수 세기 ······ 31
나의 실력 점검표 ······ 32
정답 ······ 33

쓰기

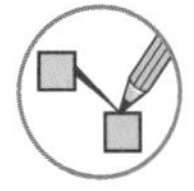
선 잇기

동그라미 하기

색칠하기

그리기

놀이하기

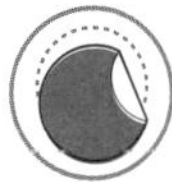
스티커 붙이기

곱하기 2, 나누기 2

디토를 보고 곱셈을 하세요.

2를 곱하면 수가
2배로 늘어나.

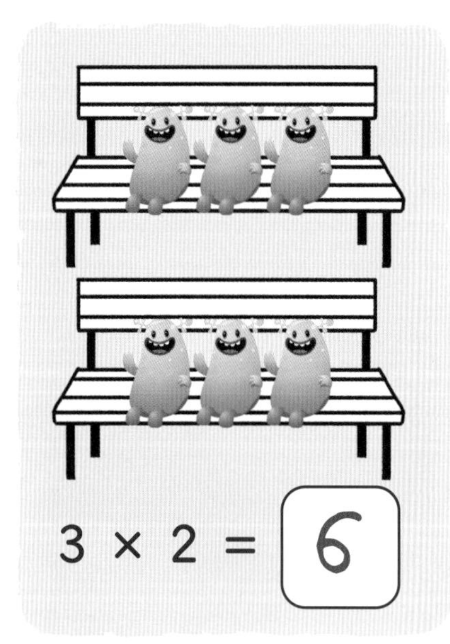

3 × 2 = 6

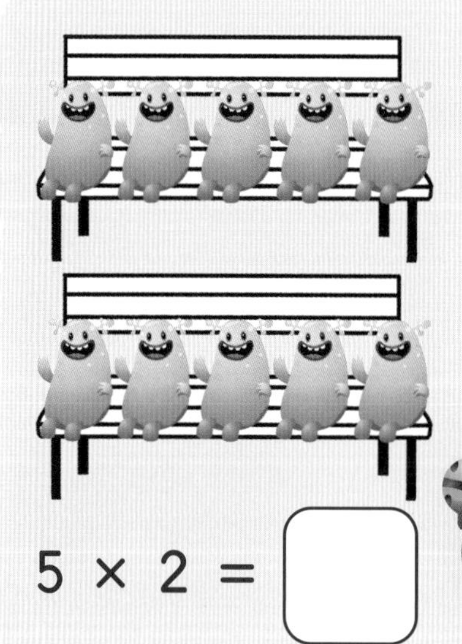

5 × 2 = ☐

곱셈을 하세요.

10 × 2 = ☐ 2 × 2 = ☐ 8 × 2 = ☐ 4 × 2 = ☐

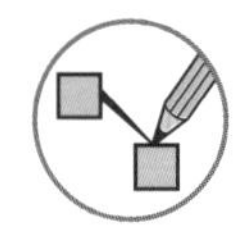

디토를 알맞은 우주선과 선으로 이으세요.

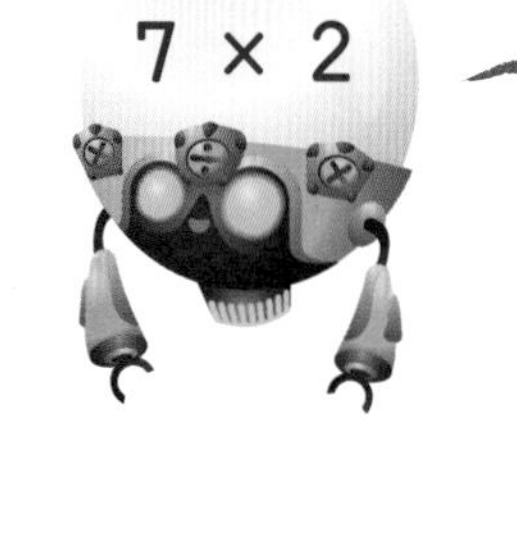

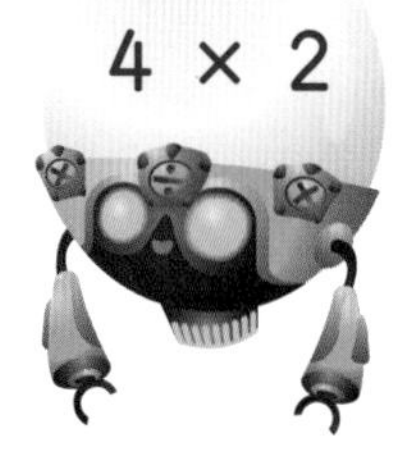

 우주선을 보고 나눗셈을 하세요.

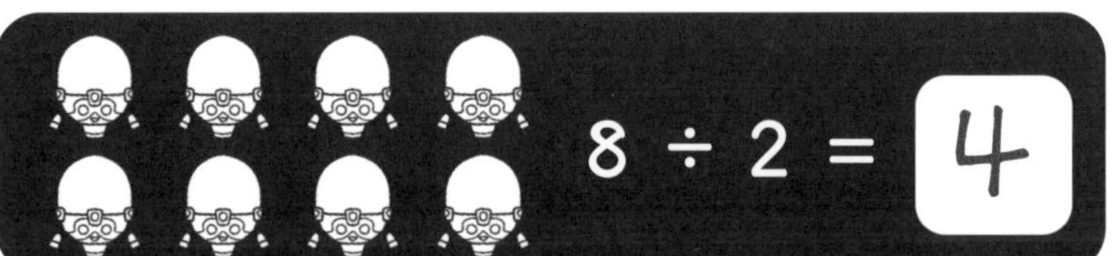

$8 \div 2 =$ 4

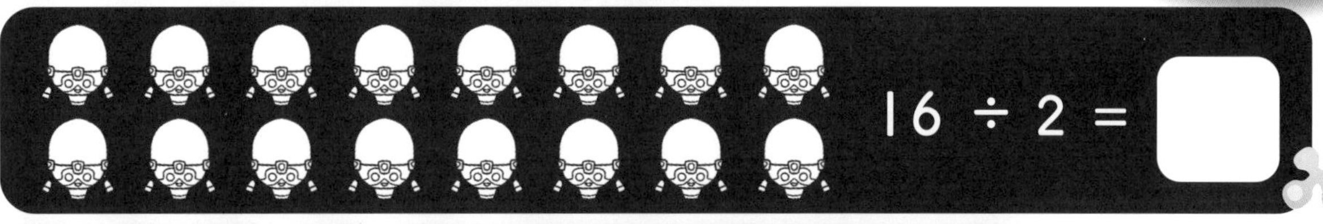

$16 \div 2 =$ ☐

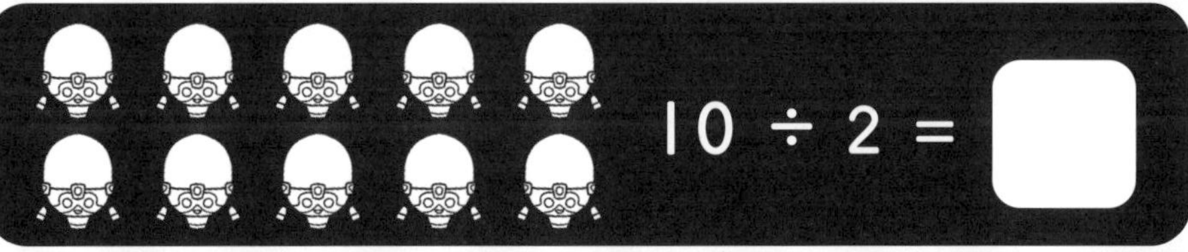

$10 \div 2 =$ ☐

$18 \div 2 =$ ☐

 나눗셈을 하세요.

$4 \div 2 =$ ☐ $20 \div 2 =$ ☐ $12 \div 2 =$ ☐ $2 \div 2 =$ ☐

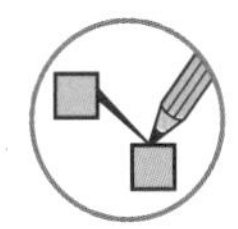 디토를 알맞은 우주선과 선으로 이으세요.

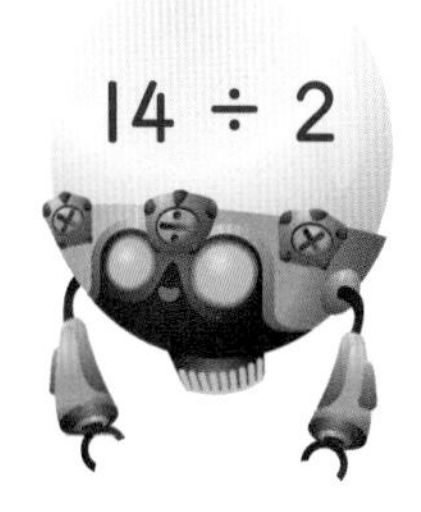

8

문제를 다 푼 다음, 32쪽으로!

곱하기 5, 나누기 5

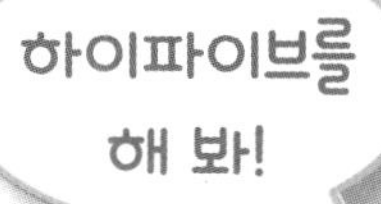

축구공을 보고 곱셈을 하세요.

$2 \times 5 =$ ☐

$4 \times 5 =$ ☐

$3 \times 5 =$ ☐

$5 \times 5 =$ ☐

곱셈을 하세요.

$7 \times 5 =$ ☐ $1 \times 5 =$ ☐ $8 \times 5 =$ ☐ $6 \times 5 =$ ☐

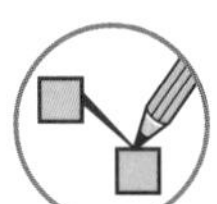

디토를 알맞은 셔츠와 선으로 이으세요.

축구공을 보고 나눗셈을 하세요.

15 ÷ 5 = ☐

10 ÷ 5 = ☐

25 ÷ 5 = ☐

20 ÷ 5 = ☐

나눗셈을 하세요.

50 ÷ 5 = ☐ 30 ÷ 5 = ☐ 45 ÷ 5 = ☐ 5 ÷ 5 = ☐

나눗셈의 값만큼 골 안에 축구공을 그리세요.

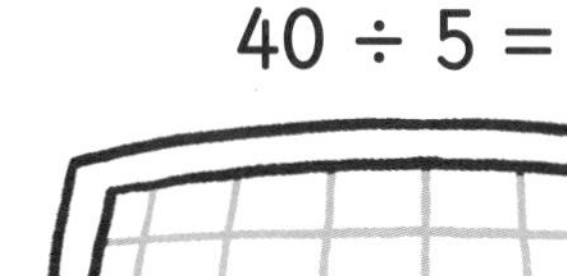

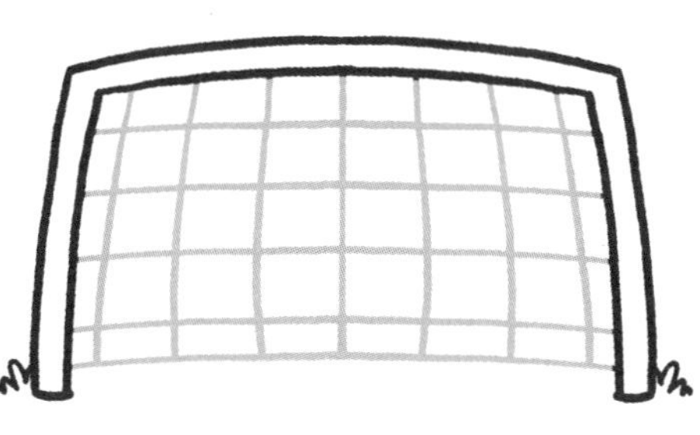

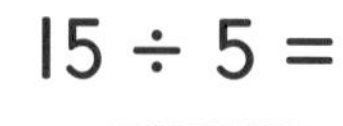

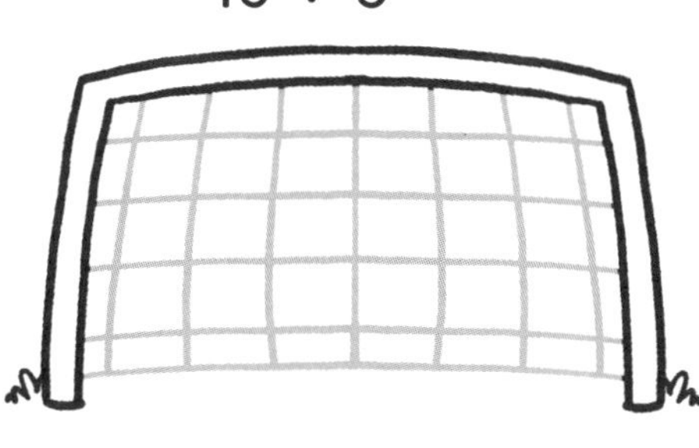

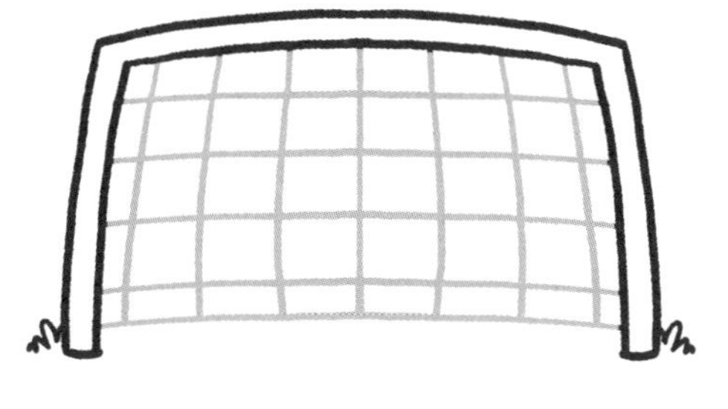

35 ÷ 5 =

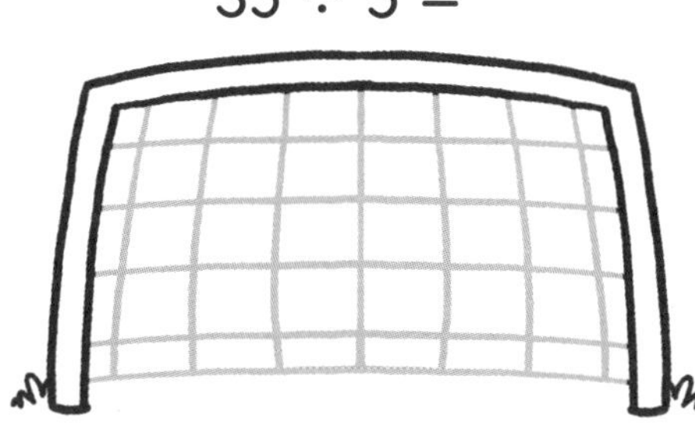

칭찬 스티커를 붙이세요.

문제를 다 푼 다음, 32쪽으로!

곱하기 10, 나누기 10

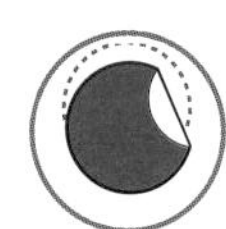 곱셈을 하고, 곱셈식에 알맞은 병 스티커를 붙이세요.

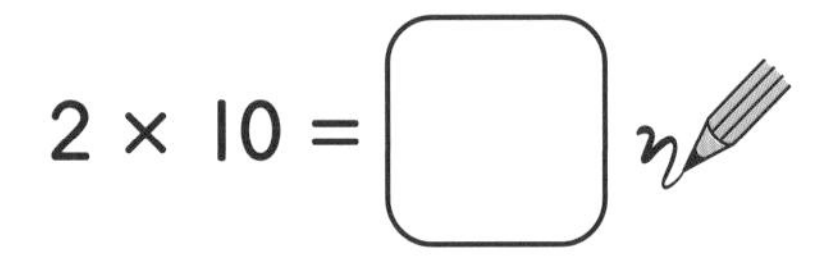

2 × 10 = ☐

3 × 10 = ☐

4 × 10 = ☐

1 × 10 = ☐

 곱셈을 하고, 곱셈식에 맞게 볼링 핀을 색칠하세요.

6 × 10 = ☐

5 × 10 = ☐

 곱셈을 하세요.

7 × 10 = ☐ 8 × 10 = ☐ 9 × 10 = ☐ 10 × 10 = ☐

볼링공을 보고 나눗셈을 하세요.

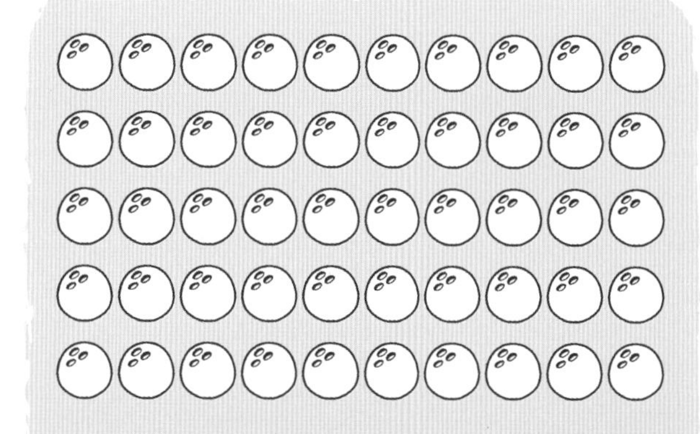

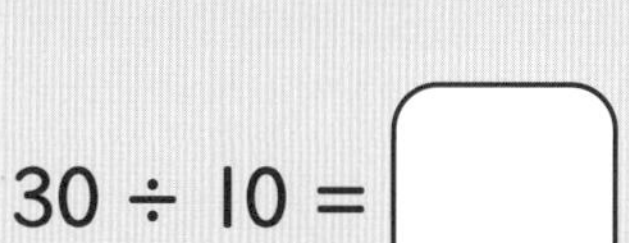

30 ÷ 10 = ☐

50 ÷ 10 = ☐

60 ÷ 10 = ☐

40 ÷ 10 = ☐

나눗셈을 하세요.

70 ÷ 10 = ☐

50 ÷ 10 = ☐

10 ÷ 10 = ☐

100 ÷ 10 = ☐

80 ÷ 10 = ☐

20 ÷ 10 = ☐

곱셈과 나눗셈의 관계 알기

곱셈식을 나눗셈식으로 바르게 나타낸 것을 찾아 선으로 이으세요.

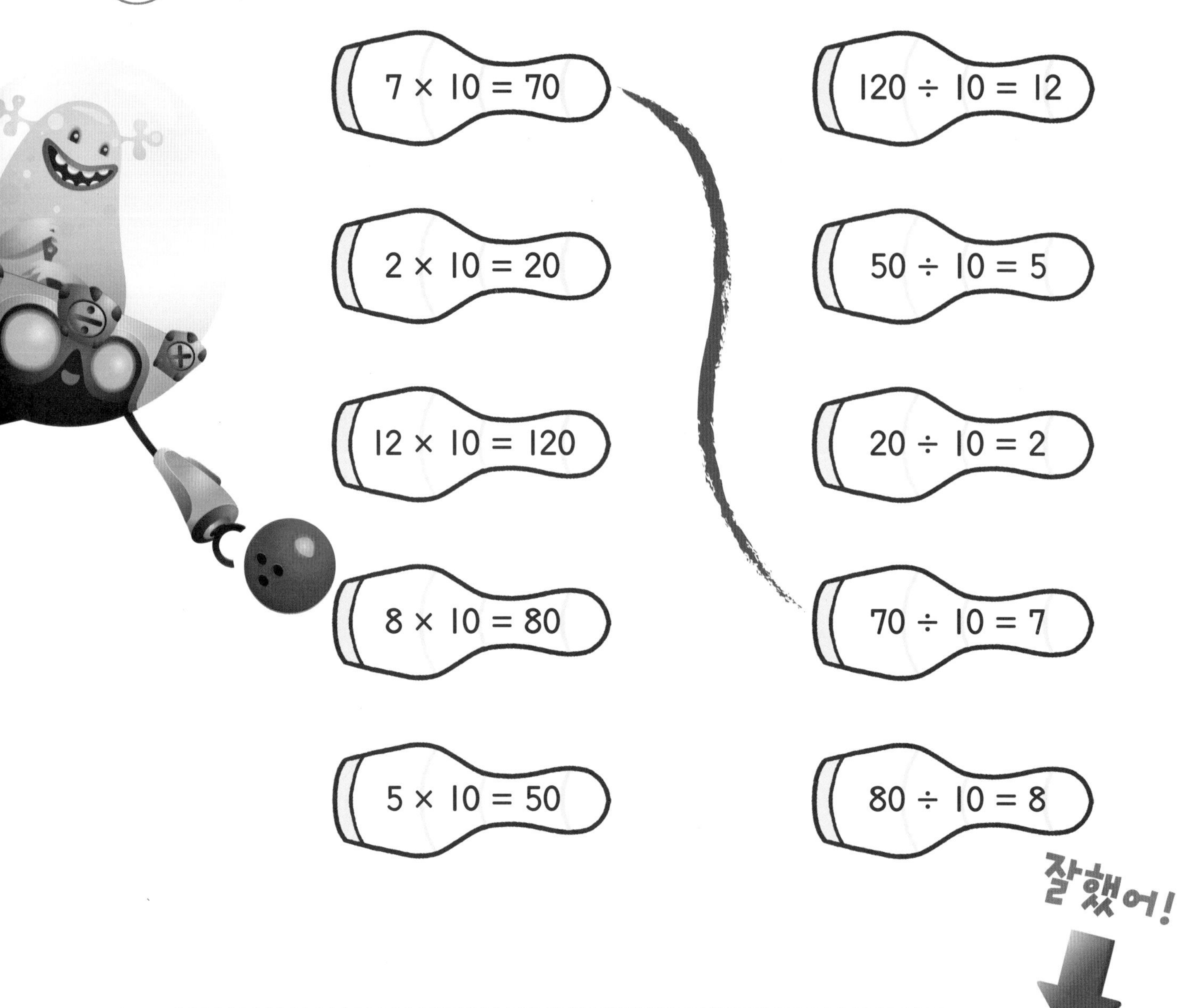

곱셈과 나눗셈 놀이

곱셈 빙고 놀이를 해 보세요.
가로로 2칸, 세로로 4칸짜리 표를 그린 다음, 2부터 24까지 2의 배수 중에서 8개의 수를 골라 각 칸을 채우세요.
종이 카드에 각각 곱셈식 1 × 2, 2 × 2 … 12 × 2를 써서 섞은 다음 뒤집어 놓으세요. 두 명이 번갈아 가며 카드를 뒤집어서 나오는 곱셈식의 답을 말하고, 표에서 찾아 지우세요.
가장 먼저 8개의 수를 모두 지운 사람이 이겨요.

나누기 2, 곱하기 5, 곱하기 10도 같은 방법으로 놀이해 보세요.

문제를 다 푼 다음, 32쪽으로!

짝수와 홀수

연의 수를 세어 보고, 빈 곳에 짝수 또는 홀수 스티커를 붙이세요.

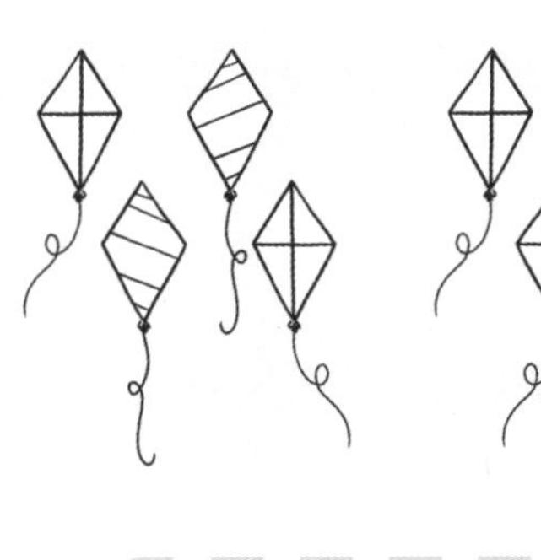
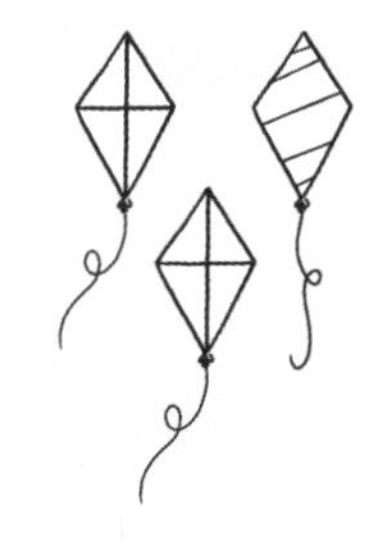

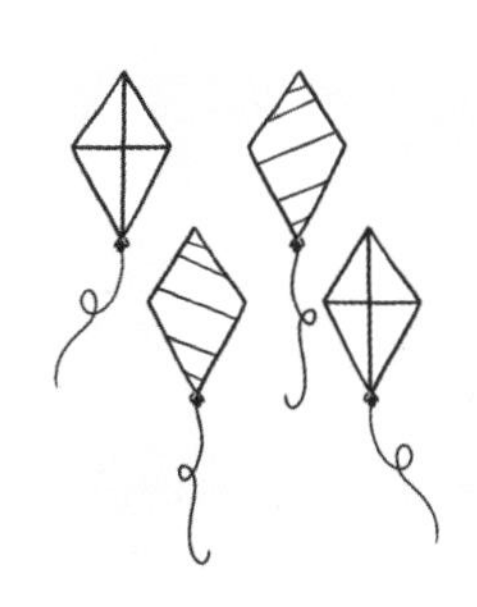
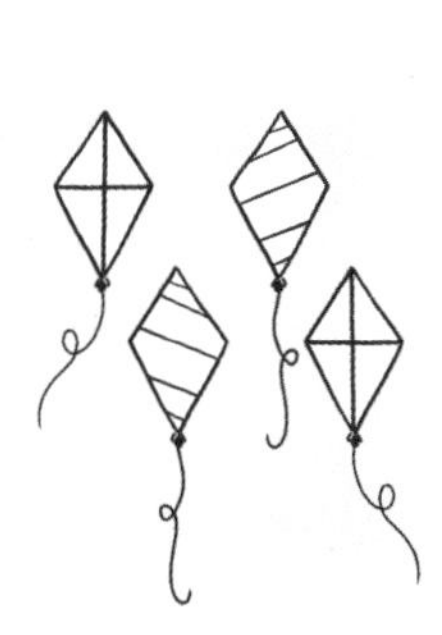

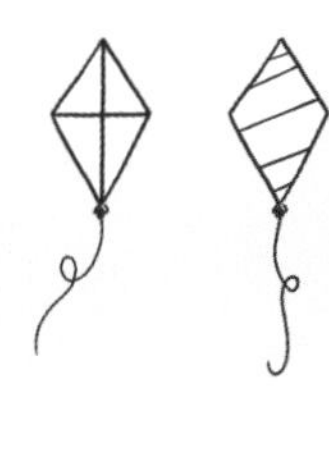
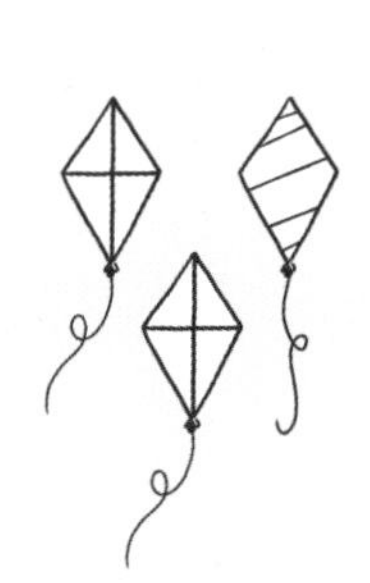

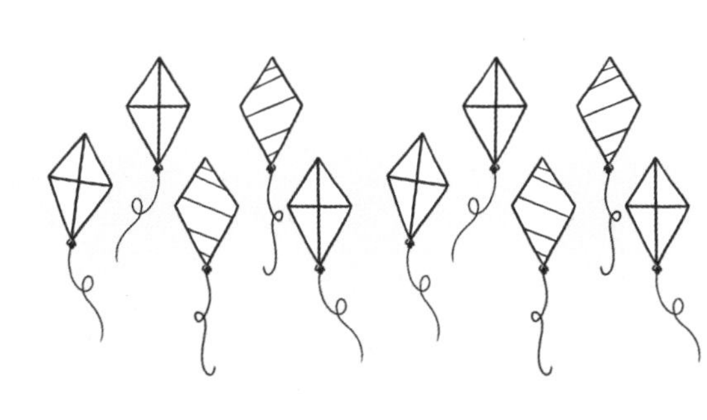

짝수를 모두 찾아 ○표 하세요.

45	38	29	63
90	11	54	86
72	27	51	67

문제를 다 푼 다음, 32쪽으로!

배열하기

각 배열에 알맞은 곱셈식과
나눗셈식을 완성하세요.

배열은
사물을 행과 열에 따라
줄지어 벌여 놓은 거야.

$3 \times 2 = 6$
$2 \times 3 = 6$

$6 \div 3 = 2$
$6 \div 2 = 3$

$\square \times \square = \square$
$\square \times \square = \square$

$\square \div \square = \square$
$\square \div \square = \square$

$\square \times \square = \square$
$\square \times \square = \square$

$\square \div \square = \square$
$\square \div \square = \square$

$\square \times \square = \square$
$\square \times \square = \square$

$\square \div \square = \square$
$\square \div \square = \square$

$\square \times \square = \square$
$\square \times \square = \square$

$\square \div \square = \square$
$\square \div \square = \square$

글을 읽고 별을 알맞게 배열하여 그리세요.

배열을 보고 곱셈식과 나눗셈식을 완성하세요.

6 곱하기 2

6 × 2 = 12

12 ÷ 2 = 6

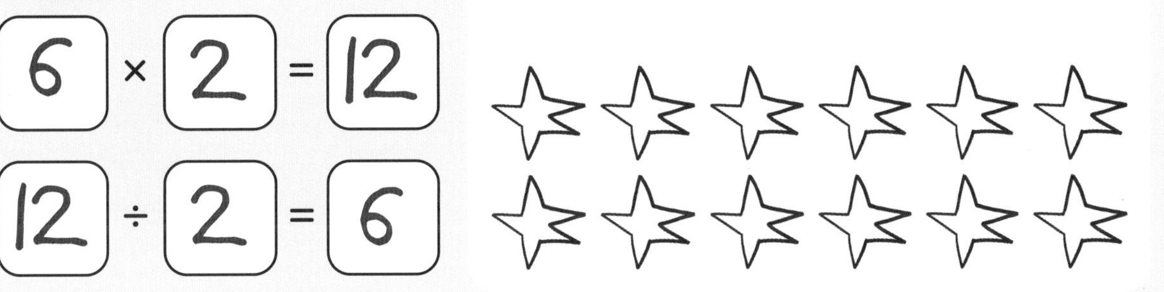

7 곱하기 5

☐ × ☐ = ☐

☐ ÷ ☐ = ☐

4 곱하기 10

☐ × ☐ = ☐

☐ ÷ ☐ = ☐

3 곱하기 2

☐ × ☐ = ☐

☐ ÷ ☐ = ☐

문제를 다 푼 다음, 32쪽으로!

반복해서 더하기

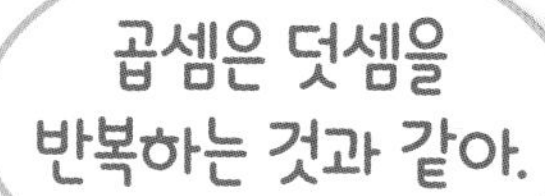

□ 안에 알맞은 수를 쓰세요.

3 + 3 = □

3개씩 2묶음 = □

3 × 2 = □

그래서
3 × 2 = 3 + 3.

4 + 4 + 4 = □

4개씩 3묶음 = □

4 × 3 = □

6개씩 □ 묶음 = 18

6 + □ + □ = 18

6 × □ = 18

□ + 8 = 16

□ 개씩 2묶음 = □

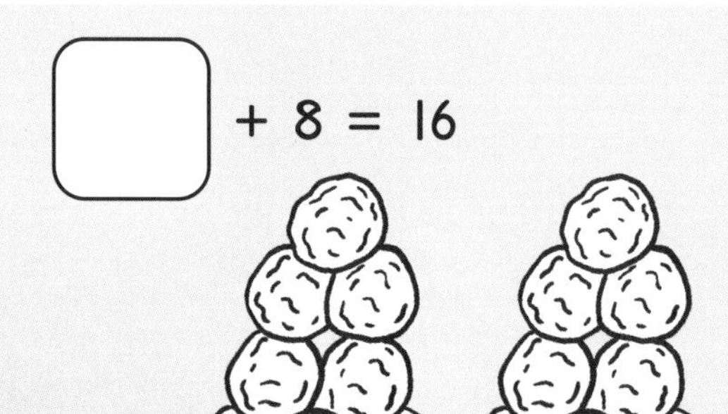

□ × 2 = 16

덧셈을 한 후, 곱셈식으로 나타내세요.

3 + 3 + 3 + 3 + 3 = [15]

[3] × [5] = [15]

6 + 6 + 6 + 6 = [ ]

[ ] × [ ] = [ ]

4 + 4 + 4 + 4 + 4 + 4 = [ ]

[ ] × [ ] = [ ]

8 + 8 + 8 = [ ]

[ ] × [ ] = [ ]

곱셈식을 나눗셈식으로 바꾸어서 나타내세요.

6 × 3 = 18 [18] ÷ [3] = [6]

4 × 6 = 24 [ ] ÷ [ ] = [ ]

5 × 7 = 35 [ ] ÷ [ ] = [ ]

3 × 9 = 27 [ ] ÷ [ ] = [ ]

수가 더 큰 쪽에 ○표 하세요.

문제를 다 푼 다음, 32쪽으로!

순서 바꾸어 계산하기

☐ 안에 알맞은 수를 쓰세요.

$3 \times 6 = \boxed{6} \times 3$

$7 \times 9 = 9 \times \square$

$10 \times 11 = 11 \times \square$

$3 \times \square = 9 \times \square$

$5 \times \square = 8 \times 5$

$12 \times 4 = \square \times 12$

$\square \times 8 = 8 \times 4$

$\square \times 7 = \square \times 6$

틀린 것을 모두 찾아 ◯표 하세요.

$6 \times 7 = 7 \times 6$

$4 \div 2 = 2 \div 4$

$2 \times 2 = 8 \div 2$

$8 \times 5 = 5 \times 8$

$5 \times 1 = 25 \div 5$

$5 \div 1 = 1 \div 5$

곱셈과 나눗셈 놀이

사탕이나 구슬 등을 이용하여 배열을 만들어 보세요. 그 배열에 맞게 두 개의 곱셈식을 써 보세요.
예를 들어 사탕이 4개씩 3줄이면 $4 \times 3 = 12$, $3 \times 4 = 12$를 만들 수 있어요.
같은 배열로 나눗셈식도 만들어 보세요. 4개씩 3줄로 놓인 사탕은 3묶음이나 4묶음으로 나누어질 수 있어요. 이를 나눗셈식으로 쓰면 $12 \div 3 = 4$, $12 \div 4 = 3$이에요.

똑같이 나누기

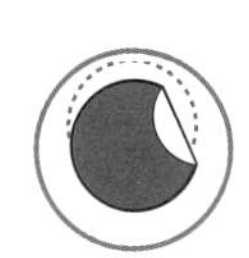

글을 읽고 스티커를 똑같은 묶음으로 나누어 붙이세요.

나비넥타이가 모두 9개 있어요.
이것을 3묶음으로 나누어요.

각 묶음에 나비넥타이가

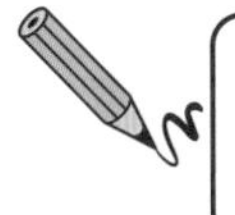

☐ 개씩 있어요.

달걀이 모두 18개 있어요.
이것을 2묶음으로
나누어요.

각 묶음에 달걀이

☐ 개씩 있어요.

나눔은 배려야.

나눗셈식을 완성하세요.

그레거에게 구슬이 24개 있어요. 그는 각 상자에 구슬을 6개씩 넣었어요. 그레거가 가진 상자는 몇 개일까요?

☐ ÷ ☐ = ☐

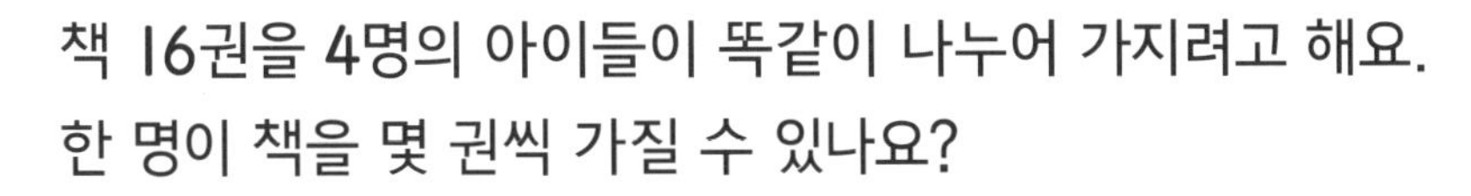

책 16권을 4명의 아이들이 똑같이 나누어 가지려고 해요.
한 명이 책을 몇 권씩 가질 수 있나요?

☐ ÷ ☐ = ☐

문제를 다 푼 다음, 32쪽으로!

문장형 문제

다음 문제를 풀어 보세요.

브룩은 조개 5개를 가지고 있어요. 섀넌은 브룩보다 조개가 3배 더 많아요.
섀넌이 가진 조개는 모두 몇 개인가요?

5 × ☐ = ☐, 섀넌의 조개는 모두 ☐ 개예요.

빌리는 양동이 4개를 가지고 있어요.
각 양동이에 조개가 3개씩 들어 있어요.
빌리가 가진 조개는 모두 몇 개인가요?

3 × ☐ = ☐, 빌리의 조개는 모두 ☐ 개예요.

라일라가 조개 20개를 4개의 모래성에 똑같이 나누어 놓으려고 해요.
모래성 하나에 조개를 몇 개씩 놓을 수 있나요?

20 ÷ ☐ = ☐, 모래성 하나에 조개를

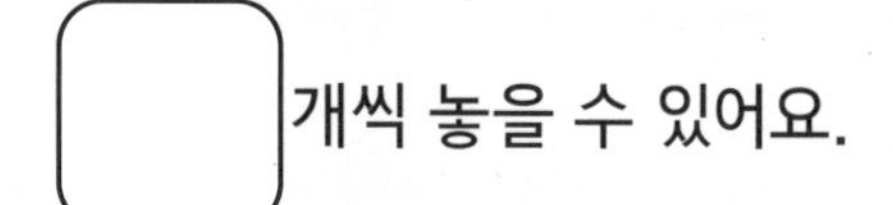

☐ 개씩 놓을 수 있어요.

두 수를 곱해야 할지
나누어야 할지 알려 주는
단서를 찾아봐.

혼합 문제

신선한 과일들로 곱셈과 나눗셈 문제들을 풀어 봐!

다음 문제를 읽고, 빈 곳에 곱셈식 또는 나눗셈식을 써서 답을 구하세요.

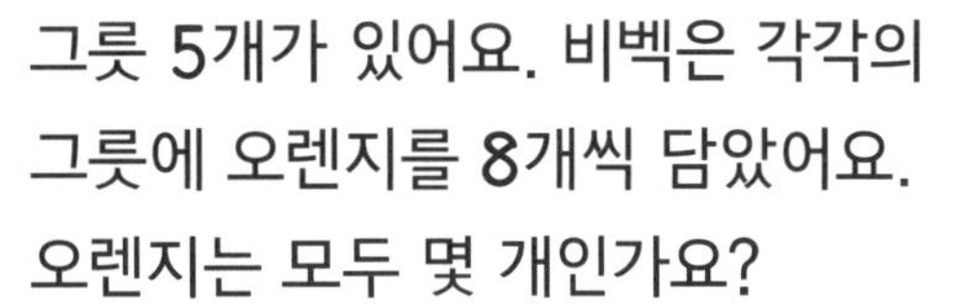

그릇 5개가 있어요. 비벡은 각각의 그릇에 오렌지를 8개씩 담았어요. 오렌지는 모두 몇 개인가요?

오렌지는 모두 ☐ 개예요.

바구니에 딸기가 7개씩 담겨 있어요. 3개의 바구니에 담긴 딸기는 모두 몇 개인가요?

딸기는 모두 ☐ 개예요.

포도 24송이를 4개의 도시락 통에 똑같이 나누어 담았어요. 도시락 통 1개에 포도가 몇 송이씩 있나요?

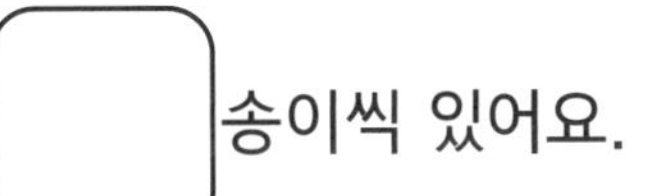

각 도시락 통에 포도가 ☐ 송이씩 있어요.

곱셈과 나눗셈 놀이

부모님에게 주변의 사물을 이용하여 풀 수 있는 곱셈이나 나눗셈 문제를 내 달라고 부탁해 보세요. 예를 들어 요구르트 1통에 바나나 3조각을 넣는데 5통의 요구르트가 있다면 바나나는 모두 몇 조각이 필요한지 맞혀 보는 거예요.

사람들이 문 앞에 신발을 벗어 두고 안으로 들어갔어요.
신발이 모두 12개이면 집 안으로 몇 명이 들어갔나요?

문제를 다 푼 다음, 32쪽으로!

도형으로 분수 알기

전체에 대한 부분의 크기를 분수로 나타낼 수 있어.

주어진 분수를 바르게 나타낸 도형에 ◯표 하세요.

$\frac{1}{3}$만큼 색칠한 것을 고르세요.

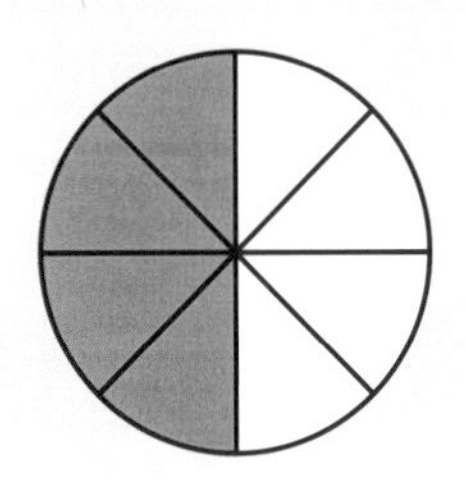
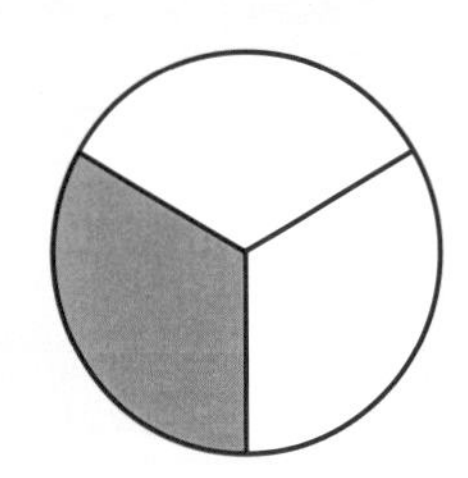
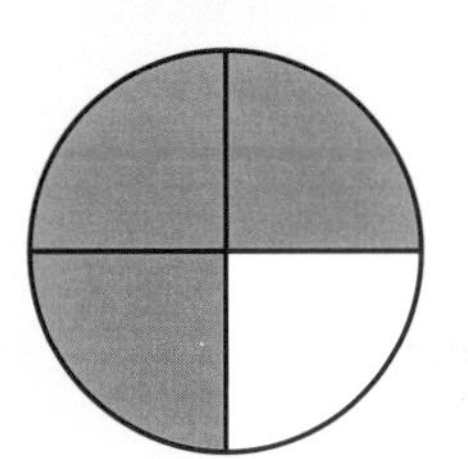
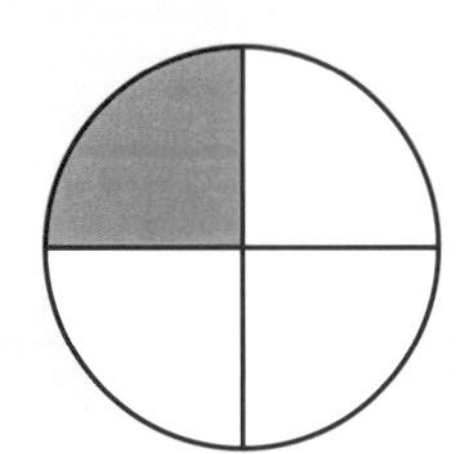

$\frac{1}{4}$만큼 색칠한 것을 고르세요.

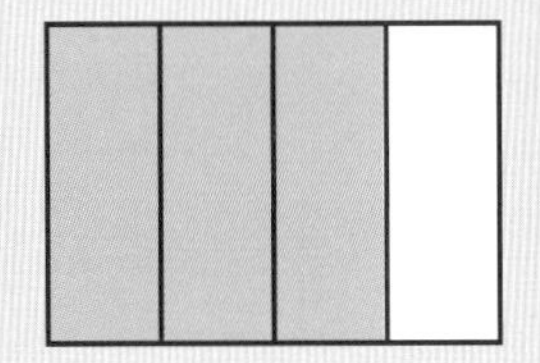
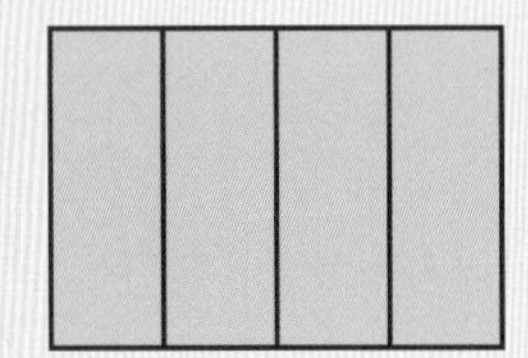
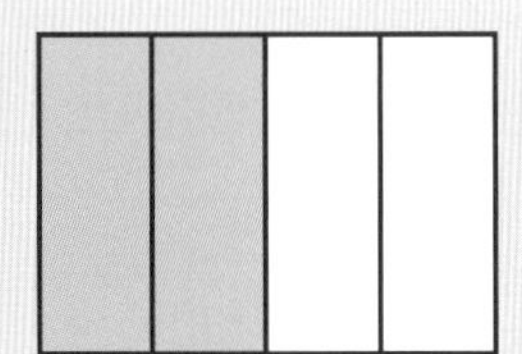
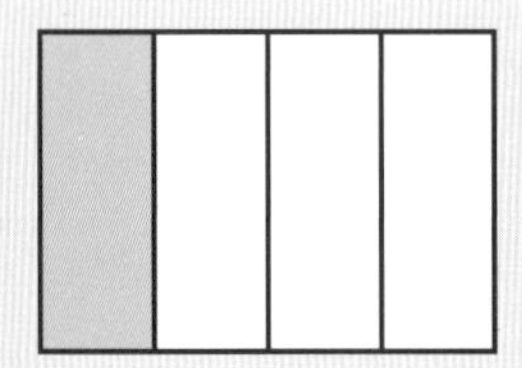

$\frac{2}{4}$만큼 색칠한 것을 고르세요.

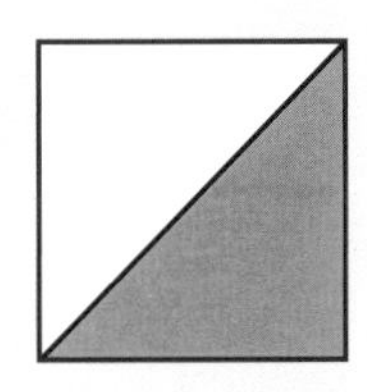
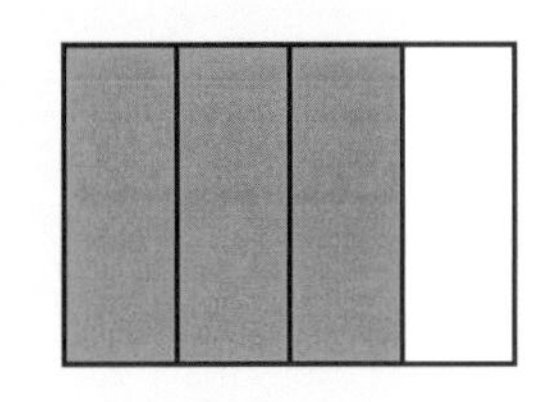
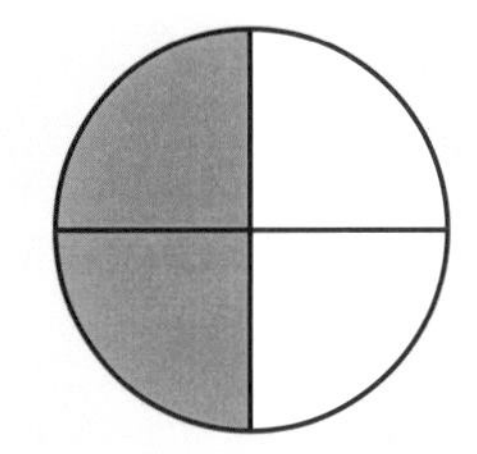
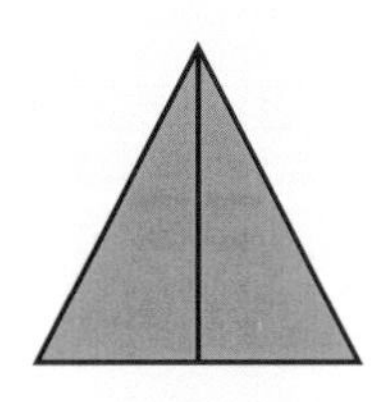

$\frac{3}{4}$만큼 색칠한 것을 고르세요.

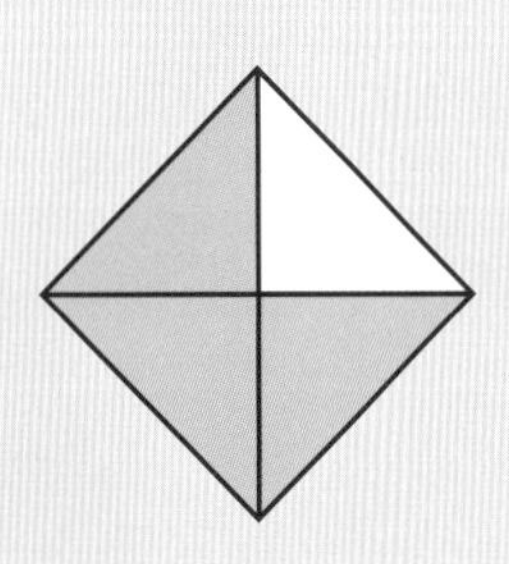
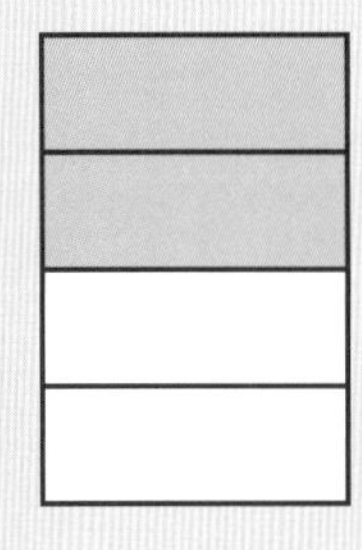
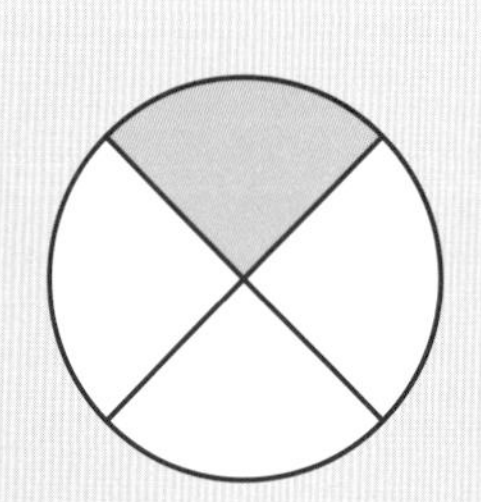
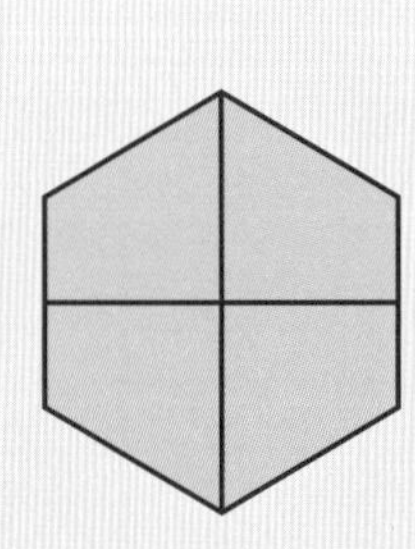

도형의 부분 보고 분수 알기

색칠한 부분을 분수로 나타내세요.

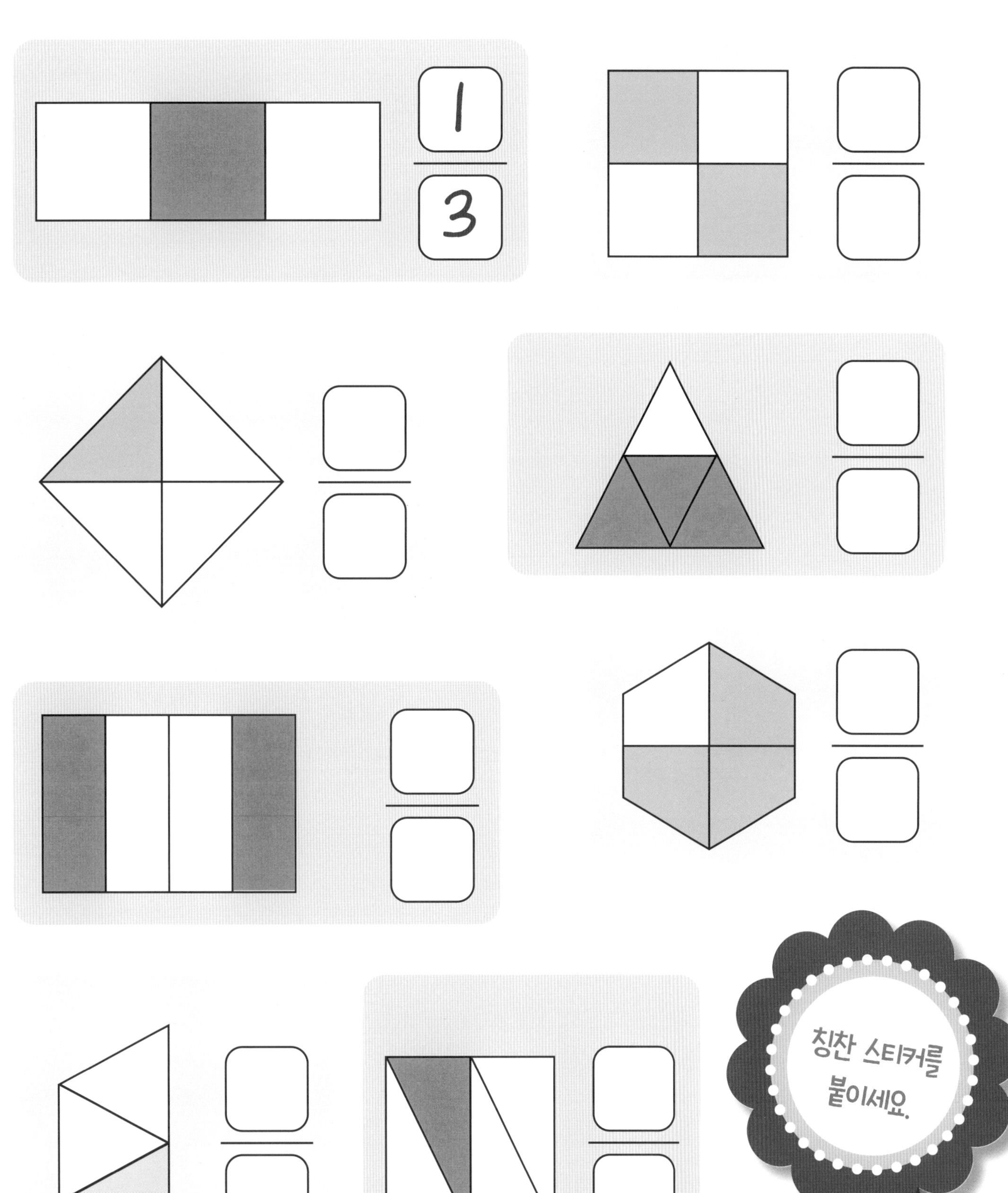

문제를 다 푼 다음, 32쪽으로!

크기가 같은 분수

$\frac{1}{2}$과 $\frac{2}{4}$는 크기가 같은 분수예요. 각 막대를
$\frac{1}{2}$과 $\frac{2}{4}$만큼 색칠하고 분수로 나타내어 확인하세요.

냠냠!
피자 $\frac{1}{2}$은 피자 $\frac{2}{4}$와 같아.

$\frac{1}{2}$	$\frac{1}{2}$

각 피자를 $\frac{1}{2}$과 $\frac{2}{4}$만큼 색칠하고 분수로 나타내세요.

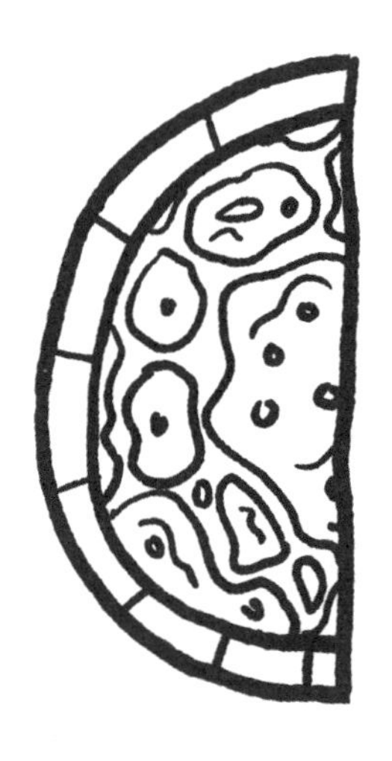

각 블록을 $\frac{1}{2}$과 $\frac{2}{4}$만큼 색칠하고 분수로 나타내세요.

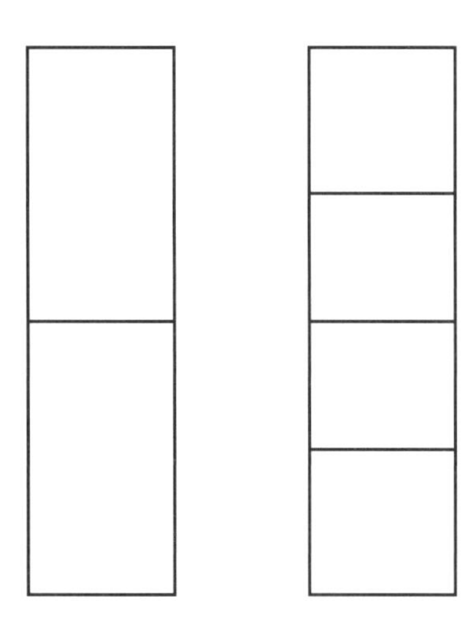

문제를 다 푼 다음, 32쪽으로!

도형으로 분수 나타내기

주어진 분수만큼 색칠하세요.

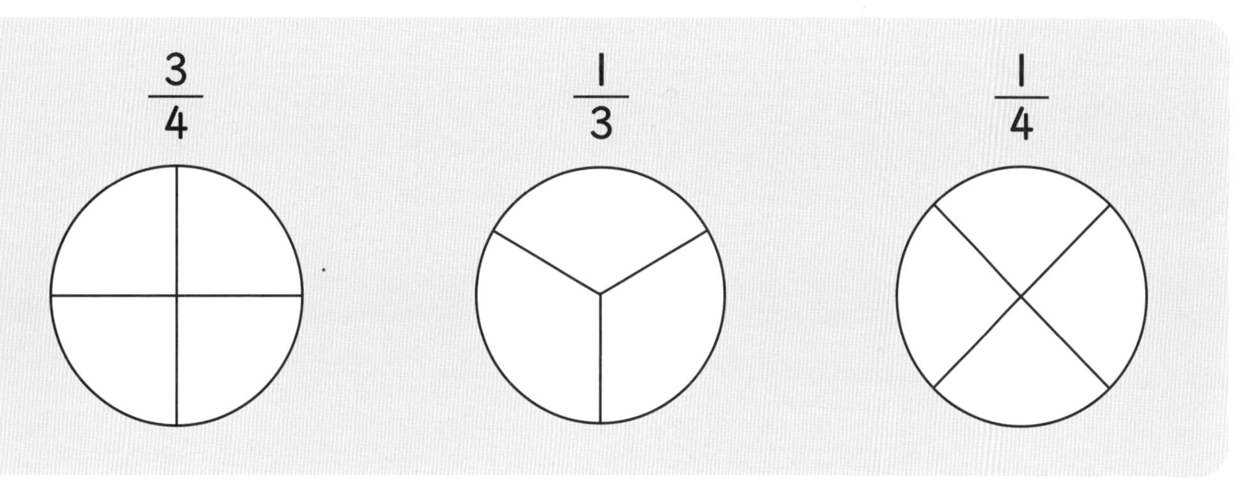

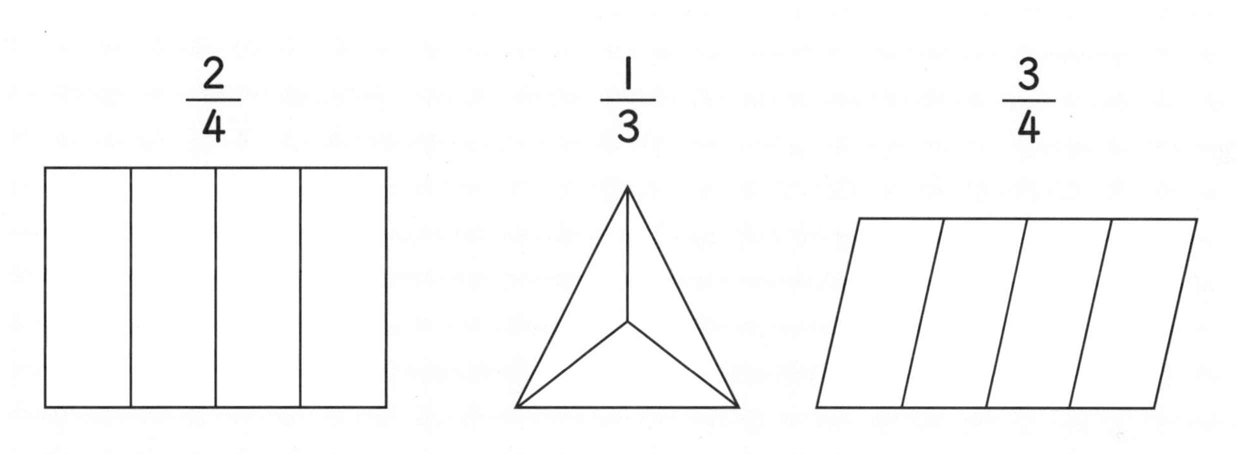

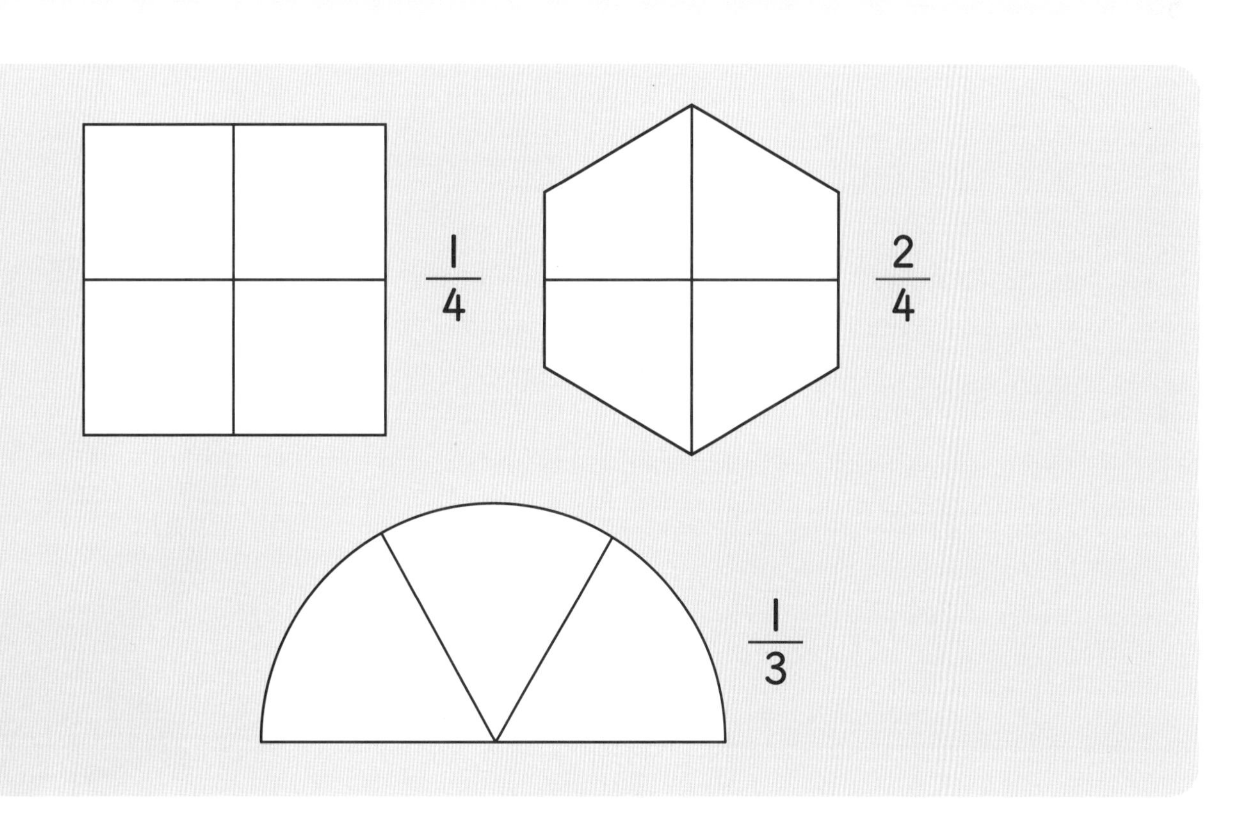

분수만큼 나누기

분수는 정말 재미있어!

주어진 분수만큼 케이크를 똑같이 나누고 색칠하세요.

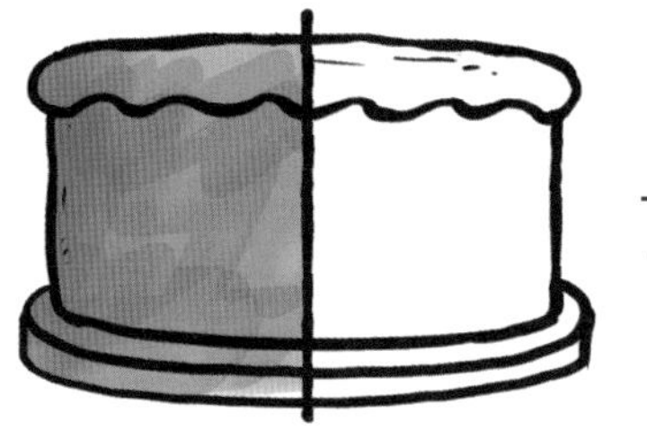

$\frac{2}{4}$

$\frac{1}{3}$

$\frac{1}{4}$

$\frac{3}{4}$

각각의 분수만큼 주스를 똑같이 나누고 색칠하세요.

$\frac{2}{4}$

$\frac{1}{3}$

$\frac{1}{4}$

$\frac{3}{4}$

분수 놀이

피자를 먹을 때 똑같이 4조각으로 잘라 보세요. 피자 한 조각은 4분의 1이에요. 피자 조각을 $\frac{1}{4}$, $\frac{2}{4}$, $\frac{3}{4}$만큼 나타내세요.

시계의 긴바늘을 이용하여 분수를 만들어 보세요. 12에서 시작해서 시계 한 바퀴의 $\frac{1}{4}$만큼 움직여 보세요. 어떤 숫자를 가리키고 있나요? $\frac{2}{4}$, $\frac{3}{4}$도 같은 방법으로 놀이해 보세요.

문제를 다 푼 다음, 32쪽으로!

전체의 몇분의 몇 알기

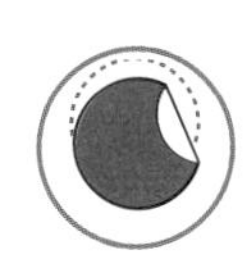

별을 주어진 분수만큼 색칠한 스티커를 찾아 붙이세요.

$\frac{1}{4}$ $\frac{2}{4}$ $\frac{3}{4}$

$\frac{1}{4}$ $\frac{2}{4}$ $\frac{3}{4}$

$\frac{1}{4}$ $\frac{2}{4}$ $\frac{3}{4}$

$\frac{1}{4}$은 전체를 똑같이 4묶음으로 나눈 것 중의 1묶음이야.

전체의 몇분의 몇 알기

별을 전체의 $\frac{1}{3}$만큼 색칠하세요.

$\frac{1}{3}$은 전체를
똑같이 3묶음으로
나눈 것 중의 1묶음이야.

문제를 다 푼 다음, 32쪽으로!

배열에서 분수 찾기

분수 탐정이
되어 봐!

색칠된 디토는 전체의 얼마인지 분수로 바르게 나타낸 것에 ◯표 하세요.

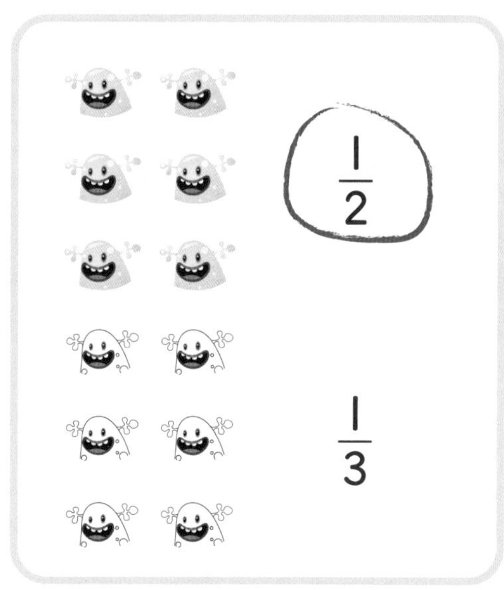

$\frac{1}{2}$

$\frac{1}{3}$

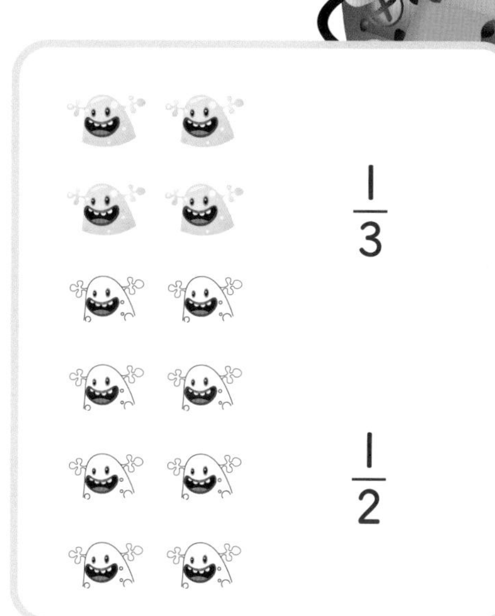

$\frac{1}{3}$

$\frac{1}{2}$

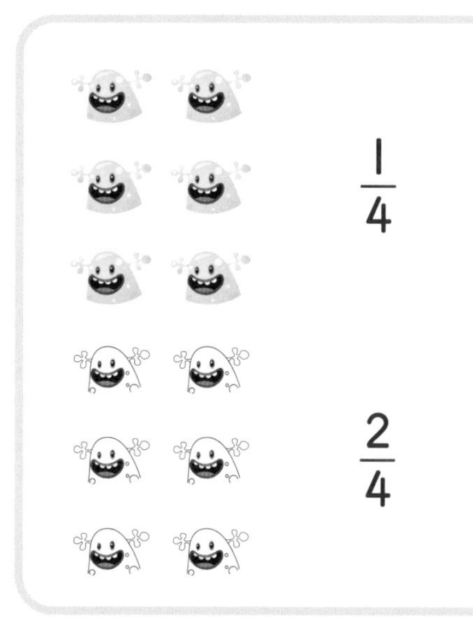

$\frac{1}{4}$

$\frac{2}{4}$

$\frac{1}{4}$

$\frac{3}{4}$

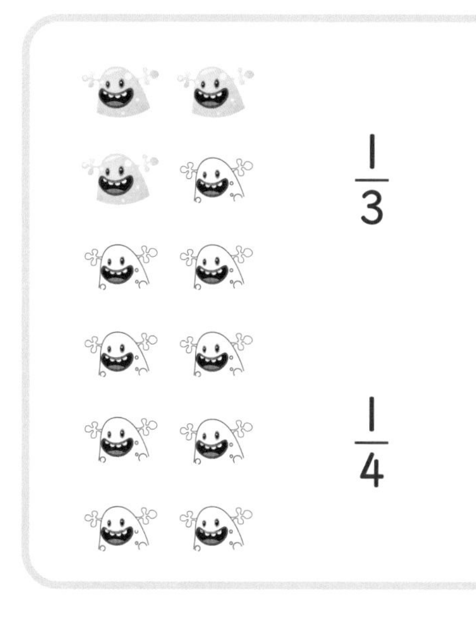

$\frac{1}{3}$

$\frac{1}{4}$

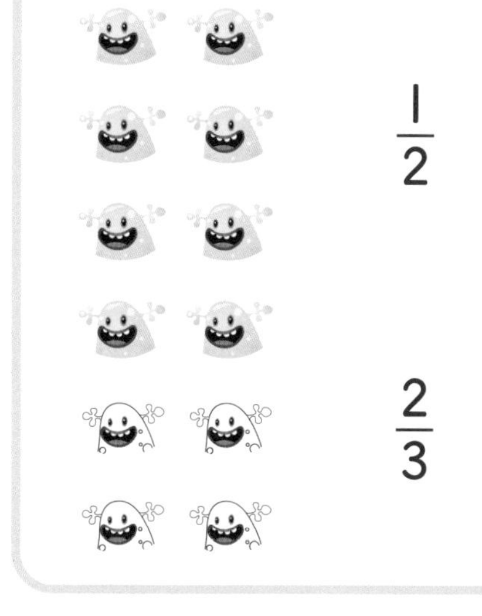

$\frac{1}{2}$

$\frac{2}{3}$

배열에서 분수 알기

주어진 분수만큼 동그라미로 묶고 ▢ 안에 알맞은 수를 쓰세요.

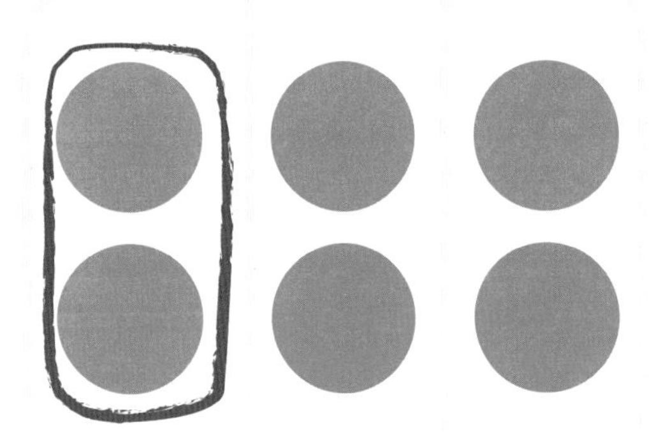

6의 $\frac{1}{3}$ = 2

4의 $\frac{1}{4}$ = ▢

8의 $\frac{1}{2}$ = ▢

4의 $\frac{1}{2}$ = ▢

8의 $\frac{1}{4}$ = ▢

12의 $\frac{1}{3}$ = ▢

15의 $\frac{1}{3}$ = ☐

20의 $\frac{1}{5}$ = ☐

18의 $\frac{1}{6}$ = ☐

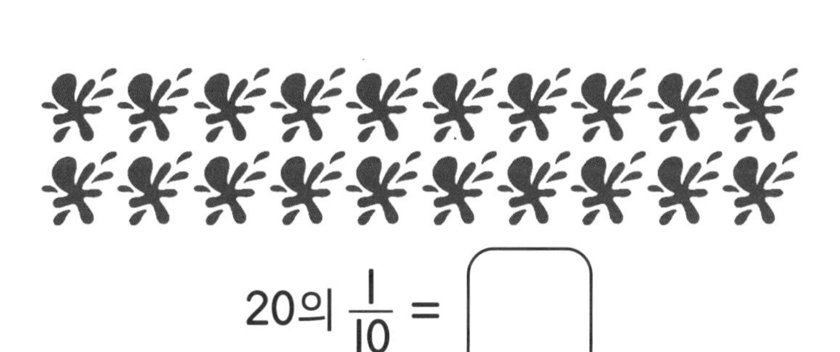

20의 $\frac{1}{10}$ = ☐

18의 $\frac{1}{3}$ = ☐

10의 $\frac{1}{2}$ = ☐

잘했어!

문제를 다 푼 다음, 32쪽으로!

배열에서 분수 나타내기

 주어진 분수만큼 그림을 색칠하세요.

 ▢ 안에 알맞은 수를 쓰세요.

6의 $\frac{1}{3}$은
6을 3등분한 것 중
1부분이야.

배 6개의 $\frac{1}{3}$은 몇 개인가요?

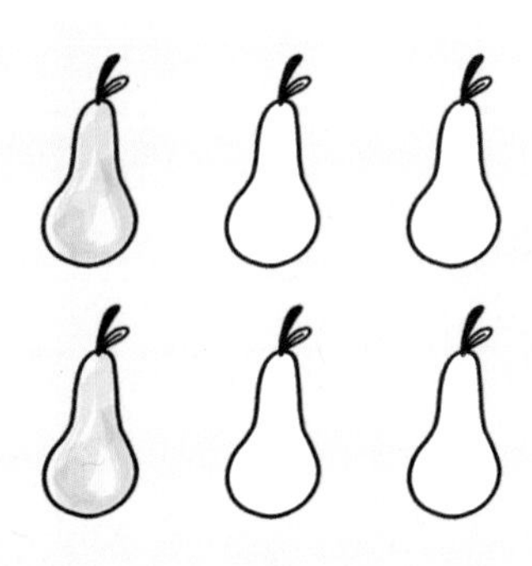

2

토마토 16개의 $\frac{1}{4}$은 몇 개인가요?

바나나 9개의 $\frac{1}{3}$은 몇 개인가요?

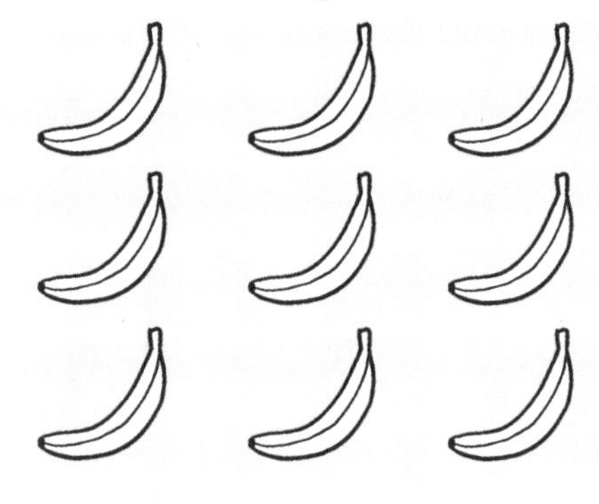

양파 20개의 $\frac{1}{10}$은 몇 개인가요?

당근 15개의 $\frac{1}{5}$은 몇 개인가요?

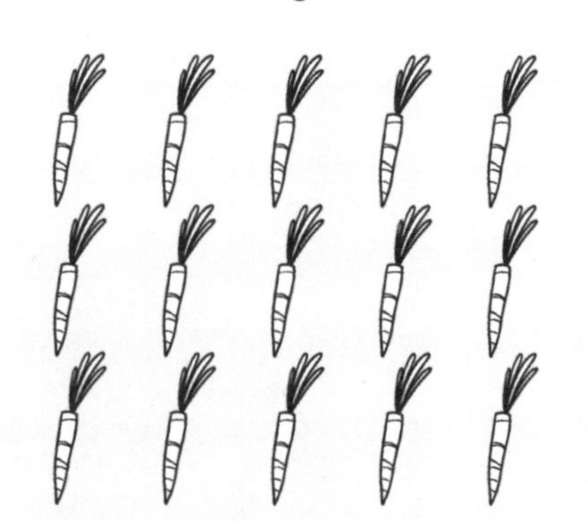

오렌지 18개의 $\frac{1}{6}$은 몇 개인가요?

각 분수를 계산할 수 있도록 그림을 그리세요.

☐ 안에 알맞은 수를 쓰세요.

레몬 20개의 $\frac{1}{4}$은 몇 개인가요?

5

딸기 20개의 $\frac{1}{5}$은 몇 개인가요?

콩 24개의 $\frac{1}{6}$은 몇 개인가요?

달걀 24개의 $\frac{1}{8}$은 몇 개인가요?

체리 14개의 $\frac{1}{7}$은 몇 개인가요?

완두콩 30개의 $\frac{1}{10}$은 몇 개인가요?

분수 놀이

달걀, 초콜릿과 같이 묶음으로 나오는 음식을 찾아보세요.
전체 음식에서 몇 개를 꺼낸 다음 전체의 몇분의 몇을 꺼냈는지 말해 보세요.
예를 들어 달걀 12개 중에서 4개를 꺼내세요. 4개는 전체 12개를 3묶음으로 나눈 것 중의 1이니까 전체의 $\frac{1}{3}$을 꺼냈어요.

칭찬 스티커를 붙이세요.

문제를 다 푼 다음, 32쪽으로!

묶음과 전체를 비교하여 분수 알기

그림을 보고 알맞은 식을 완성하세요.

나는 휴가를 갈 거야!

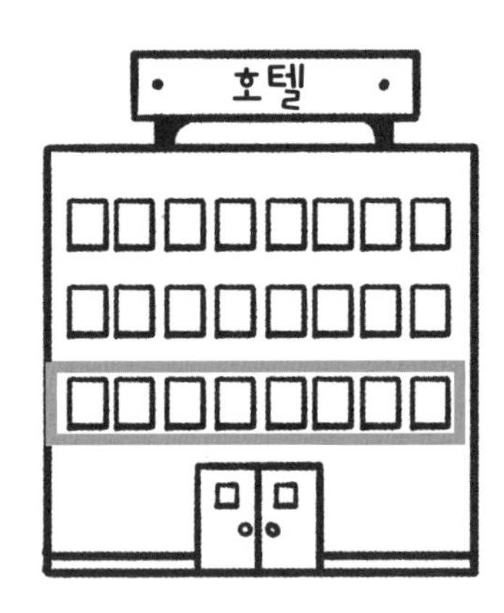

24 의 $\frac{1}{3}$ = 8

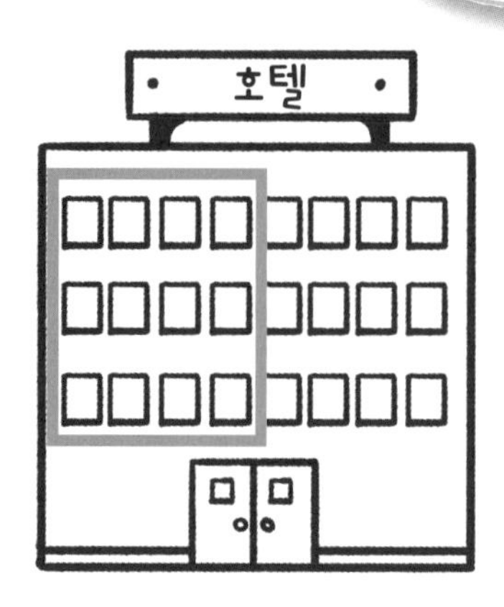

☐ 의 — = ☐

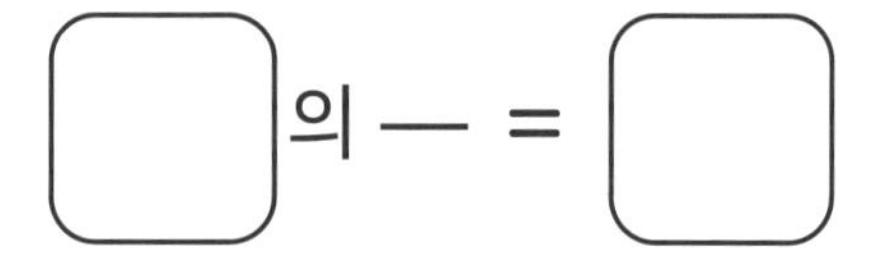

☐ 의 — = ☐

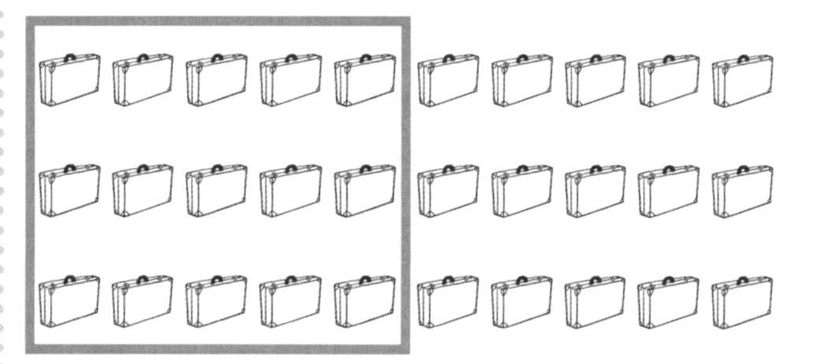

☐ 의 — = ☐

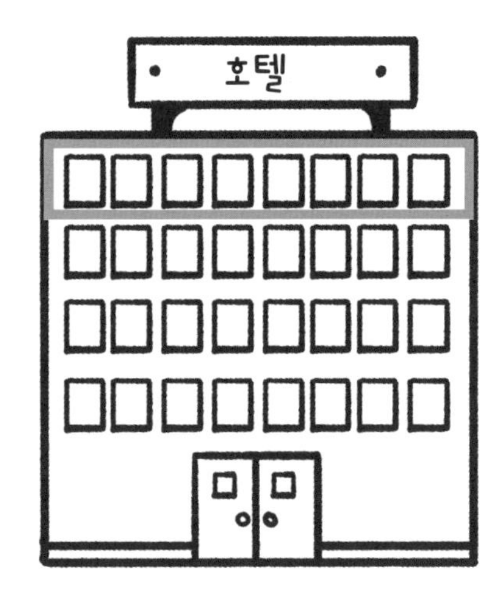

☐ 의 — = ☐

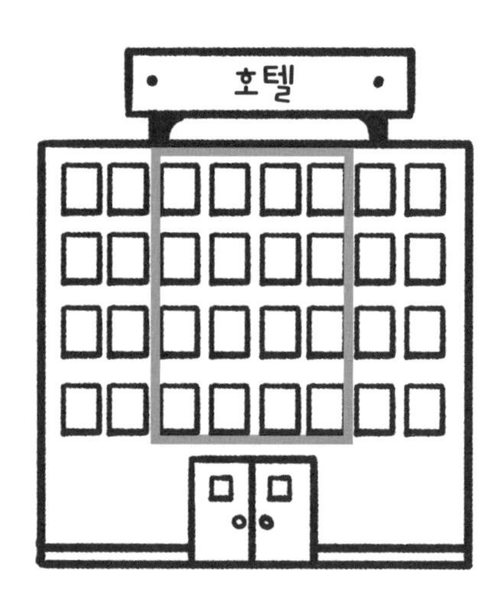

☐ 의 — = ☐

분수 세기

□ 안에 알맞은 수를 쓰세요.

폴짝폴짝
뛰어 봐!

$\frac{1}{2}$씩 세어 보세요.

0 — 1 — 2 — 3

0	$\frac{1}{2}$	1	□	□	$2\frac{1}{2}$	□

$\frac{1}{4}$씩 세어 보세요.

0 — 1 — 2 — 3

0	$\frac{1}{4}$	□	□	1	$1\frac{1}{4}$	□	$1\frac{3}{4}$	□	□	$2\frac{2}{4}$	□	□

$\frac{1}{3}$씩 세어 보세요.

0 — 1 — 2 — 3

0	$\frac{1}{3}$	$\frac{2}{3}$	1	$1\frac{1}{3}$	□	□	□	$2\frac{2}{3}$	□

순서에 맞도록 □ 안에 알맞은 수를 쓰세요.

4 $4\frac{1}{3}$ $4\frac{2}{3}$ 5 $5\frac{1}{3}$ □ □ □

$6\frac{1}{4}$ $6\frac{2}{4}$ $6\frac{3}{4}$ 7 $7\frac{1}{4}$ □ □ □

$7\frac{2}{3}$ 8 $8\frac{1}{3}$ $8\frac{2}{3}$ 9 □ □ □

문제를 다 푼 다음, 32쪽으로!

나의 실력 점검표

얼굴에 색칠하세요.

- 잘할 수 있어요.
- 할 수 있지만 연습이 더 필요해요.
- 아직은 어려워요.

쪽	나의 실력은?	스스로 점검해요!
2~3	2를 곱하고 나눌 수 있어요.	
4~5	5를 곱하고 나눌 수 있어요.	
6~8	10을 곱하고 나눌 수 있어요.	
9	짝수인지 홀수인지 말할 수 있어요.	
10~11	배열을 사용하여 곱셈식과 나눗셈식을 쓸 수 있어요.	
12~13	같은 수를 반복해서 더하여 곱셈을 풀 수 있어요.	
14~15	수의 순서를 바꾸어 곱셈을 하고, 똑같은 묶음으로 나누어 나눗셈을 할 수 있어요.	
16~17	곱셈과 나눗셈 문제를 풀 수 있어요.	
18~19	도형의 색칠된 부분을 보고 분수로 나타낼 수 있어요.	
20	$\frac{1}{2}$과 $\frac{2}{4}$가 크기가 같은 분수임을 알아요.	
21~22	주어진 분수만큼 도형을 색칠할 수 있어요.	
23~24	전체의 $\frac{1}{4}$, $\frac{2}{4}$, $\frac{3}{4}$, $\frac{1}{3}$을 찾을 수 있어요.	
25~27	배열에서 주어진 부분을 분수로 나타낼 수 있어요.	
28~29	배열에서 주어진 분수만큼이 얼마인지 알고, 그림으로 나타낼 수 있어요.	
30~31	자연수에 대한 분수의 값을 알고, 10까지 분수로 셀 수 있어요.	

나와 함께 한 공부 어땠어?

정답

2~3쪽

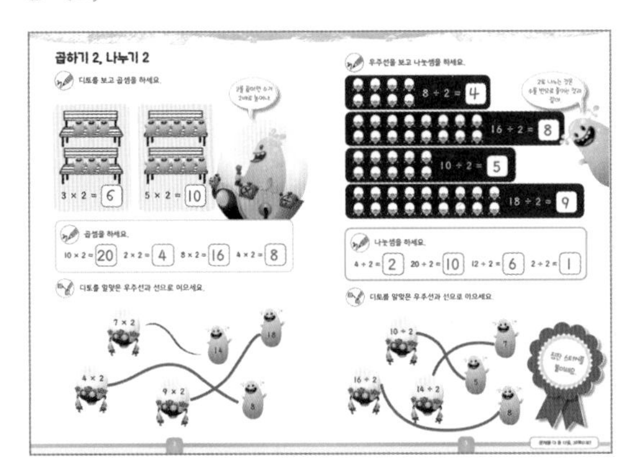

4~5쪽

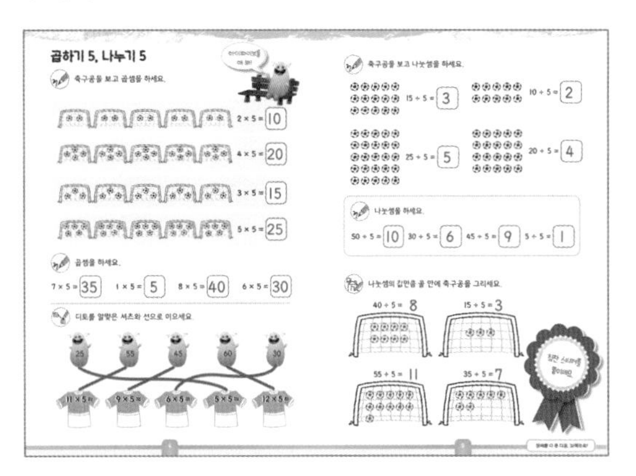

6~7쪽

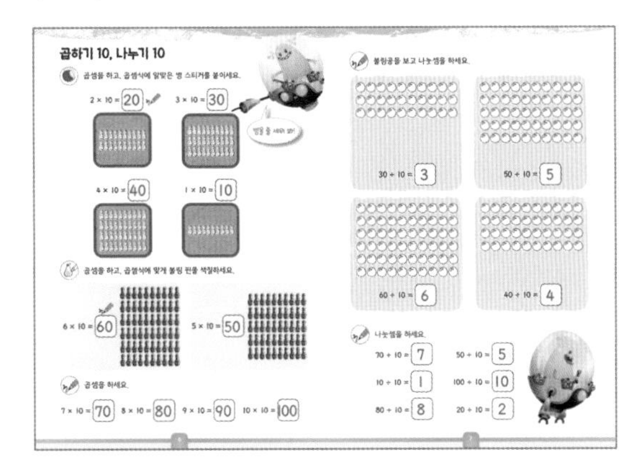

8~9쪽

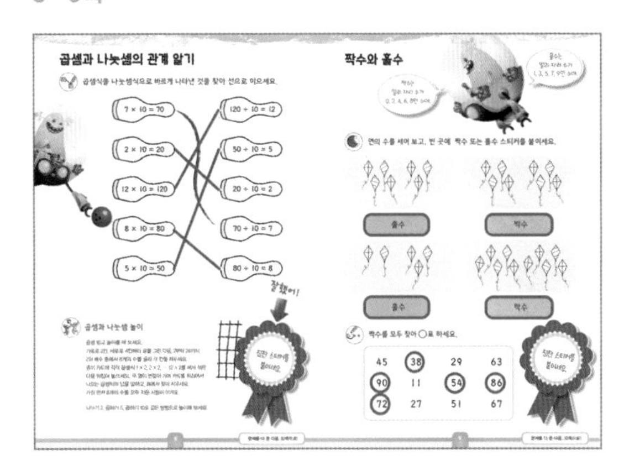

10~11쪽

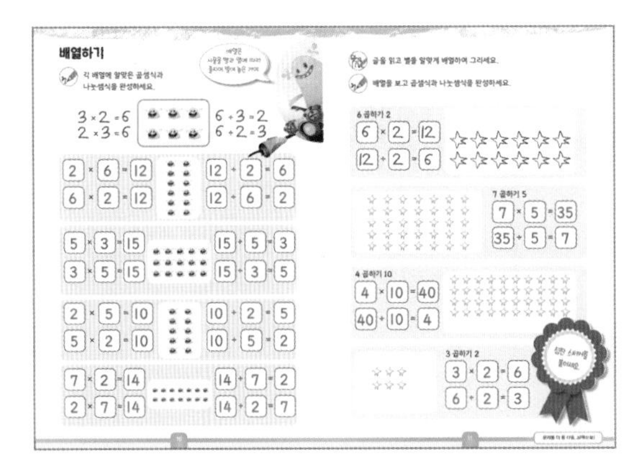

12~13쪽

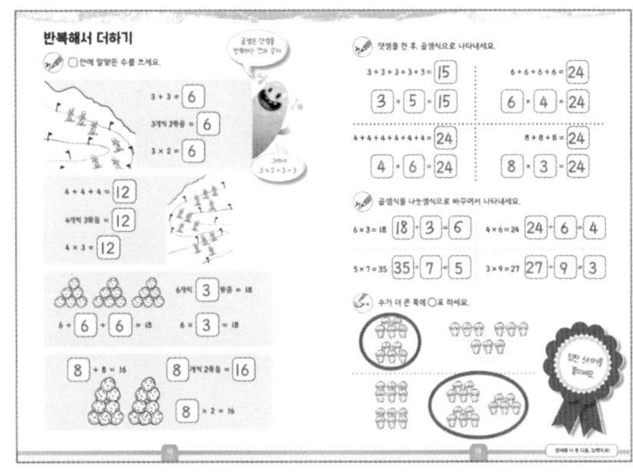

* 또는 24 ÷ 4 = 6, 35 ÷ 5 = 7, 27 ÷ 3 = 9

14~15쪽

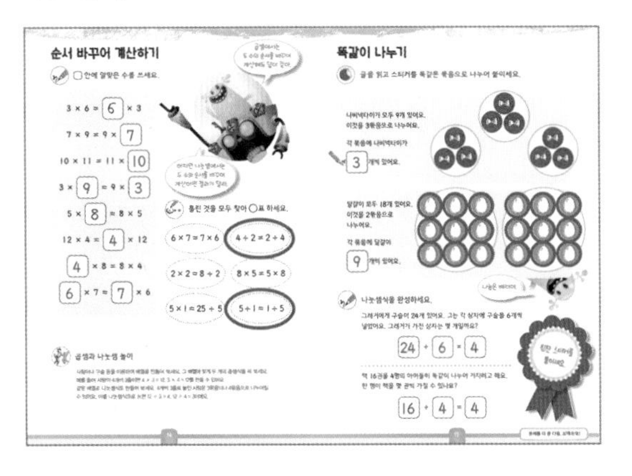

16~17쪽

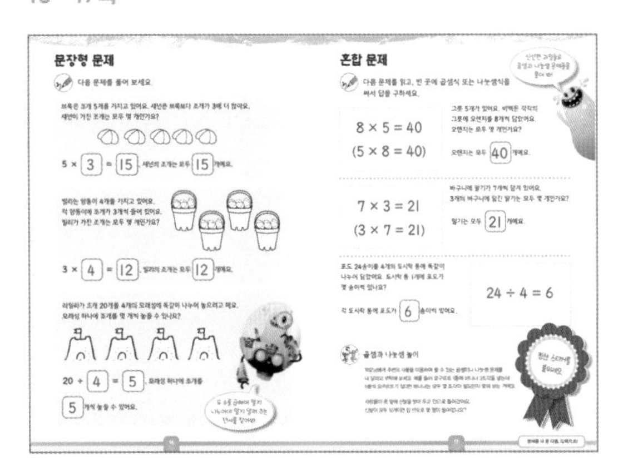

18~19쪽

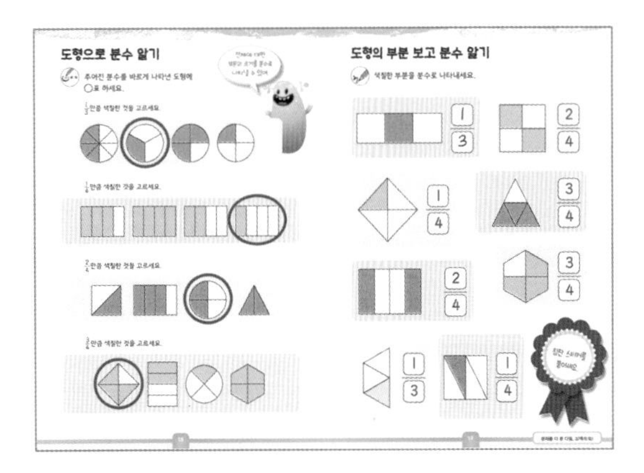

20~21쪽

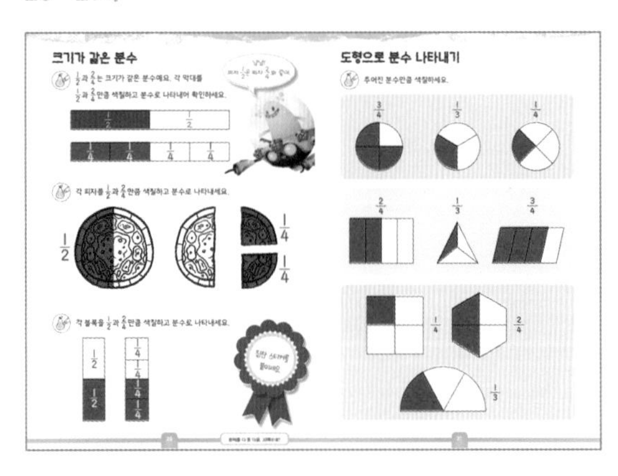

22~23쪽

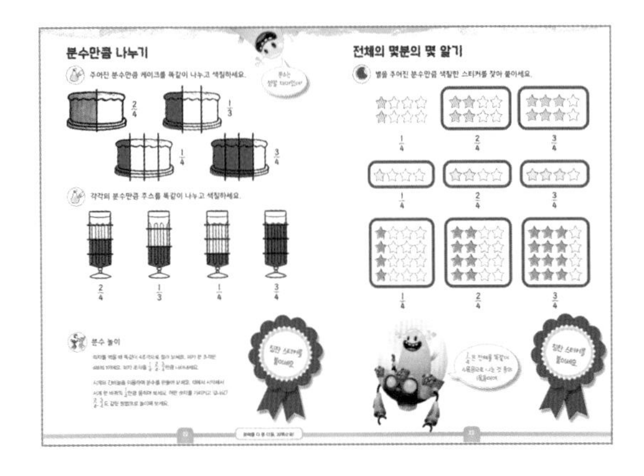

24~25쪽

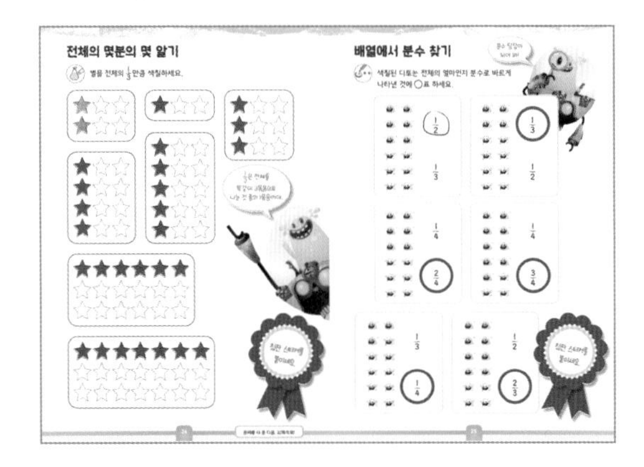

26~27쪽

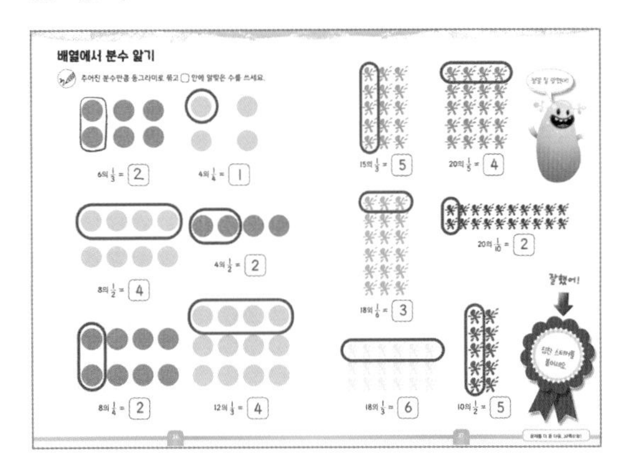

28~29쪽

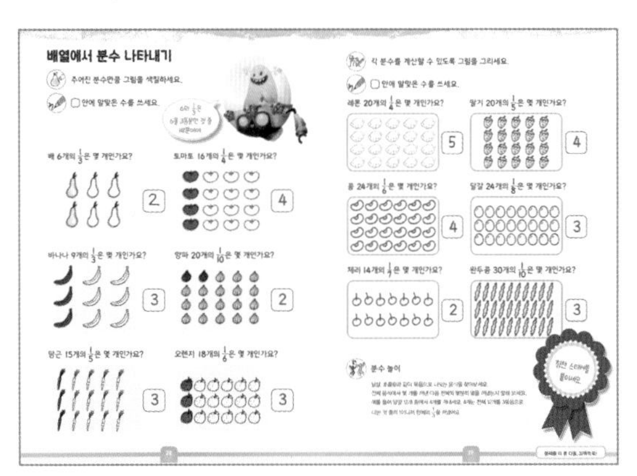

30~31쪽

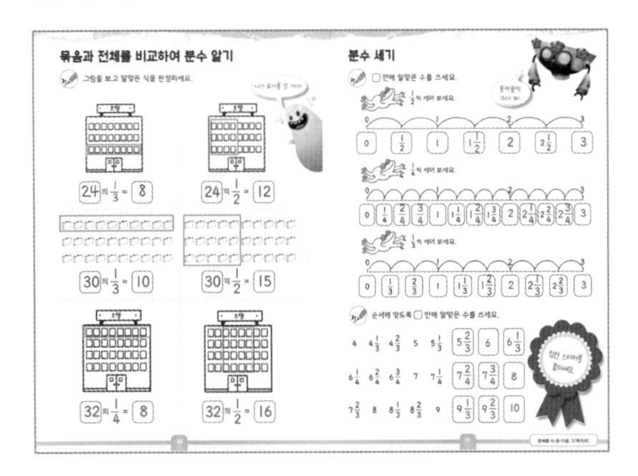

정리 노트

런런 옥스퍼드 수학

3-5 곱셈과 나눗셈, 분수

초판 1쇄 발행 2022년 12월 6일
글·그림 옥스퍼드 대학교 출판부 **옮김** 상상오름
발행인 이재진 **편집장** 안경숙 **편집 관리** 윤정원 **편집 및 디자인** 상상오름
마케팅 정지운, 김미정, 신희용, 박현아, 박소현 **국제업무** 장민경, 오지나 **제작** 신홍섭
펴낸곳 (주)웅진씽크빅
주소 경기도 파주시 회동길 20 (우)10881
문의 031)956-7403(편집), 02)3670-1191, 031)956-7065, 7069(마케팅)
홈페이지 www.wjjunior.co.kr **블로그** wj_junior.blog.me **페이스북** facebook.com/wjbook
트위터 @wjbooks **인스타그램** @woongjin_junior
출판신고 1980년 3월 29일 제406-2007-00046호
원제 PROGRESS WITH OXFORD: MATH

ISBN 978-89-01-26527-8
ISBN 978-89-01-26510-0 (세트)